Patrick Schuller

Lehrprobe: Das Wettrennen der Piraten

Selbständiges Entwickeln von Lösungsstrategien zu einer problemhaltigen Sachaufgabe

GRIN Verlag

Bibliografische Information der Deutschen Nationalbibliothek:

Die Deutsche Bibliothek verzeichnet diese Publikation in der Deutschen National-
bibliografie; detaillierte bibliografische Daten sind im Internet über http://dnb.d-
nb.de/ abrufbar.

Impressum:

Copyright © 2011 GRIN Verlag, Open Publishing GmbH
Druck und Bindung: Books on Demand GmbH, Norderstedt Germany
ISBN: 978-3-640-98413-8

Dieses Buch bei GRIN:

http://www.grin.com/de/e-book/176990/lehrprobe-das-wettrennen-der-piraten

Das Wettrennen der Piraten

Selbständiges Entwickeln von Lösungsstrategien zu einer problemhaltigen Sachaufgabe

Inhaltsverzeichnis

1 Bedingungsanalyse

1.1 Die Schule

Die XXX ist eine Grund-, Haupt- und Realschule mit derzeit 551 Schülern. Das Einzugsgebiet für die Grundschule umfasst größtenteils die Ortschaft XXX, wobei Schüler von der Hauptschule auch aus den umliegenden Ortschaften XXX und XXX sowie Schüler von der Realschule auch aus den Orten XXX, XXX, XXX und XXX diese Schule besuchen.

Die Lage auf der Schwäbischen Alb, mit einer Entfernung von etwa 20 km zur Stadt XXX, kann als ländlich und ruhig bezeichnet werden.

Die Grundschule setzt sich aus fünf Klassen mit insgesamt 116 Schülern zusammen, was einem Durchschnitt von 23,2 Kindern pro Klasse entspricht.

Räumlich besteht die Schule aus mehreren Gebäuden, in denen die verschiedenen Schularten untergebracht sind. Im Gebäude B2, in dem die Klasse 4c unterrichtet wird, befinden sich vier Klassenzimmer, eine Küche sowie Lehrer- bzw. Schülertoiletten.

Der Klassenraum der Klasse 4c ist groß genug, sodass trotz der Konstellation von drei Gruppentischen und vier Einzeltischen ein Sitzkreis im hinteren Bereich des Zimmers eingerichtet werden kann. Des Weiteren befindet sich vor dem Klassenzimmer ein Gruppentisch, an dem ebenfalls gearbeitet werden kann.

1.2 Zur Situation der Klasse

Die jetzige Klasse 4c wurde zu Beginn des dritten Schuljahres aus zwei verschiedenen jahrgangsgemischten Gruppen gebildet. Die Kollegin, die die dritte Klasse übernommen hatte, war im vergangenen Schuljahr häufig krank, sodass sich die Klasse nur schwer zusammen finden konnte – viele Schüler und Schülerinnen sind mit dem ständigen Lehrerwechsel nur schwer zurecht gekommen. Erst im letzten Drittel des vergangenen Schuljahres gab es eine verlässliche Vertretung, sodass die Schüler allmählich eine Klassengemeinschaft entwickeln konnten.

Die 4. Klasse besuchen zurzeit 20 Kinder – 10 Jungen und 10 Mädchen. Allgemein ist die Klasse, bedingt durch einige impulsive Kinder, eine sehr lebhafte und mitunter laute Gemeinschaft. Vorteilhaft ist dies in gewissen Phasen, in denen Mitarbeit und Tatendrang gefordert werden. Negativ zeigt sich dies wiederum in stillen Perioden und Sitzkreisen, in denen sich häufig schon nach wenigen Minuten die Aufmerksamkeit eher auf den Sitznachbarn, als auf den thematischen Gegenstand richtet. Dennoch muss der Sitzkreis als eine methodische Form des Unterrichtseinstiegs weiterhin geübt und verbessert werden.

Auch in anschließenden Partner- bzw. Gruppenarbeitsphasen setzt sich die Lebhaftigkeit der Schüler häufig weiter fort, was zu einem gewissen Lautstärkepegel führt, der in der Regel jedoch in einem akzeptablen Rahmen bleibt.

Besonders hervorzuheben ist, dass in der Klasse drei Kinder an ADHS (lt. ärztlicher Diagnose) leiden und mit Beruhigungsmitteln leben. Gerade diese Schüler können, bedingt durch ihre Erkrankung, mit Stress- oder Drucksituationen nur sehr schwer umgehen und zeigen dies durch laute Äußerungen oder nervöses Verhalten, wie bspw. mit dem Stuhl kippeln, herumlaufen oder mit Stiften spielen. Da sie zudem in einer Gruppe oftmals Schwierigkeiten haben, sich zu konzentrieren und sich schnell von ihren Mitschülern ablenken lassen, sitzen die drei Kinder an Einzeltischen. In den Arbeitsphasen kommt es diesbezüglich oftmals zu Unmutsäußerungen, würden doch auch diese Schüler bei Partner- oder Gruppenarbeiten sehr gerne mit anderen Kindern zusammenarbeiten. Allerdings herrscht unter den Lehrern in Übereinstimmung mit den Eltern eine Absprache, dass diese Kinder nur an ihren Einzelplätzen arbeiten dürfen.

Zwei weitere Schüler der Klasse 4c leben aufgrund problematischer Familienverhältnisse in Pflegefamilien. Einer von ihnen hat große Probleme mit Frustrationen umzugehen, was häufig zu emotionalen Wutausbrüchen führt. Oftmals reicht eine kleine Meinungsverschiedenheit mit dem Sitznachbarn aus, sodass er überreizt reagiert und tränenüberströmt das Klassenzimmer verlässt. Meist ist dann jedoch nach einem kurzen Gespräch die Angelegenheit für ihn wieder in Ordnung und er widmet sich erneut seiner Arbeit.

2 Sachanalyse

2.1 Sachrechnen

Bei der Definition des Begriffs „Sachrechnen" können die Bezüge zur Alltagswelt (Sache) und zur Mathematik (Rechnen) aus dem Namen selbst herangezogen werden. Deshalb definiert Greefrath wie folgt:

„Sachrechnen im weiteren Sinne bezeichnet die Auseinandersetzung mit der Umwelt sowie die Beschäftigung mit wirklichkeitsbezogenen Aufgaben im Mathematikunterricht."[1]

Diese Definition lässt sich in einem Dreieck visualisieren, an dessen Eckpunkten sich der Schüler, die Umwelt und die Mathematik befinden.

Beim Sachrechnen können demnach verschiedene Schwerpunkte gesetzt werden, je nachdem welches der drei Ecken höher gewichtet wird. Daraus ergeben sich entsprechend unterschiedliche Ziele:

- Sachrechnen zur Förderung des Rechnens (Primat des Rechnens)

- Sachrechnen zur Erschließung der Umwelt (Primat der Sache)

- Sachrechnen als Mathematisierungs- bzw. Modellierungsprozess (Primat des Lösungsprozesses)[2]

In Anlehnung an Winter 2003 werden diesen Zielen je nach Fokussierung einer Aufgabe oder Situation verschiedene Funktionen zugeschrieben:

- *Sachrechnen als Lernstoff:* Wissen über Größen sowie Fertigkeiten im Umgang mit Größen aufbauen.

- *Sachrechnen als Lernprinzip:* Bezüge zur Realität werden für das Lernen mathematischer Begriffe und Verfahren ausgenutzt.

- *Sachrechnen als Lernziel:* Die Sache soll durch Modellierung kritischer und bewusster gesehen werden.

---

[1] Didaktik des Sachrechnens in der Grundschule, S.12
[2] vgl. Handbuch für den Mathematikunterricht an Grundschulen, S.237ff.

2.2 Längen

Das Thema Längen ist dem mathematischen Bereich der Größen zuzuordnen, zu dem auch Geldwerte und Gewichte sowie Zeit-, Flächen- und Rauminhalte gehören. Größen bezeichnen alle Angaben, die aus einer Maßzahl und einer Maßeinheit bestehen.

Längen werden als Maßeinheit für Strecken oder als Angabe eines Abstandes verwendet. Ursprünglich hat man für Längenmaße die Bezugsnorm des Urmeters herangezogen. Allerdings wird heutzutage die Strecke von einem Meter über Lichtgeschwindigkeit im Vakuum ermittelt. Dieser Lichtstrahl muss die Strecke in 1/300 000 000 Sekunden durchlaufen.

Die Grundeinheit unserer Längenmaße ist ein Meter, alle anderen Längenmaßeinheiten werden von dieser Einheitslänge dezimal abgeleitet. Die Umrechnungszahl ist in der Regel 10. Lediglich zwischen Meter und Kilometer ist die Umrechnungszahl 1000.

Man unterscheidet verschiedene Schreibweisen, wie etwa die Kommaschreibweise (15,3 km), die gemischte Schreibweise (3 m 84 cm) oder die alleinige Schreibweise (125 cm). Um Streckenlängen anzugeben werden üblicherweise folgende Maßeinheiten verwendet:

- Millimeter (mm)
- Zentimeter (cm), dabei entspricht 1 cm = 10 mm
- Dezimeter (dm), dabei entspricht 1 dm = 10 cm
- Meter (m), dabei entspricht 1m = 10 dm
- Kilometer (km), dabei entspricht 1 km = 1000 m

3 Didaktische Analyse

3.1 Bildungsplanbezug

Eine der zentralen Aufgaben des Mathematikunterrichts in der Grundschule ist es, die Kinder darin zu schulen „allein und mit anderen, individuelle und gemeinsame Lösungswege und Antworten für Fragen und Probleme zu finden."[3] Des Weiteren sollen die Schülerinnen und Schüler Lösungswege darstellen, analysieren und bearbeiten können.[4]

In dieser Stunde soll dies gefördert werden, indem die Kinder zuerst allein, dann mit dem Partner und zum Schluss im Plenum eigene Lösungswege finden, diese diskutieren und begründen. Ein besonderes Augenmerk wird dabei auf die Darstellung des Lösungsweges gelegt.

Im Umgang mit Texten wird vor allem die Sachrechenkompetenz hervorgehoben. Der Bildungsplan beschreibt sie als „die Fähigkeit, eine Sachsituation in einem Modellierungsprozess in ein mathematisches Modell zu übertragen, dieses mithilfe des verfügbaren Wissens und Könnens zu bearbeiten und auf dieser Ebene eine Lösung zu finden"[5]. Dies soll in der Stunde insofern umgesetzt werden, als dass die Schüler die Problemstellung mithilfe verschiedener Strategien, wie beispielsweise durch systematisches Probieren oder durch „Versuch und Irrtum", lösen sollen. Zudem wird darauf geachtet, gerade den Einstieg und den Schluss der Unterrichtsstunde „motivierend, fordernd und fördernd zu gestalten"[6], so dass die Freude an mathematischen Aufgabenstellungen geweckt wird.

Das Stundenthema „Das Wettrennen der Piraten – selbständiges Entwickeln von Lösungsstrategien zu einer problemhaltigen Sachaufgabe" ist im neuen Bildungsplan 2004 der Grundschule im Wesentlichen in die 5. Leitidee "Daten und Sachsituationen"[7] integriert. Im Rahmen dessen stehen besonders folgende Kompetenzen im Vordergrund:

---

[3] Bildungsplan 2004 GS, S. 54
[4] vgl. Bildungsplan 2004 GS, S. 54
[5] Bildungsplan 2004 GS, S. 55
[6] Bildungsplan 2004 GS, S. 54
[7] Bildungsplan 2004 GS, S. 61

Die Schülerinnen und Schüler können

- bei der Bearbeitung von Textaufgaben mathematisch relevante Informationen aus dem Text entnehmen, diese in eine mathematische Struktur übertragen, lösen und das Ergebnis überprüfen.

- allein oder mit anderen unterschiedliche Darstellungen vergleichen, diskutieren und deren Anwendbarkeit werten.

- eigene Lösungswege erklären und vorstellen.[8]

3.2 Bedeutung des Themas für die Schüler

Reine Zahlen und Ziffern begegnen uns in unserem alltäglichen Leben nur sehr selten. Meist sind die Zahlen als Maßzahlen, wie etwa im Supermarkt mit Kilogramm und Euro oder auf Plänen mit Meter und Kilometern angegeben. Vermutlich haben schon einige Kinder mit ihren Eltern Fahrradtouren oder Wanderungen unternommen, bei denen sie sich auf einer Karte orientieren mussten und die jeweilige Länge der zu fahrenden bzw. zu laufenden Strecke ermittelt haben. Der Umgang mit Größen, in diesem Fall mit Längen, hat also nicht nur im gegenwärtigen Leben der Schüler einen hohen Stellenwert, sondern diese Fähigkeiten und Fertigkeiten werden auch in zukünftigen Schuljahren spiralig ausgebaut. Das Beherrschen des flexiblen Umgangs mit Größen ist daher eine Grundvoraussetzung für weiterführende Schulen, die Berufs- und Lebenswelt.

Eine weitere fundamentale Erfahrung ist das Modellieren von problemhaltigen Sachaufgaben. Sie wird in höheren Klassen entsprechend erweitert und verlangt speziell bei „EKM-Aufgaben" eine Problemlösekompetenz, die es schon früh zu trainieren gilt. In schulischem, wie auch später in betrieblichem Kontext, sind Fähigkeiten, wie etwa Lösungen im Team erklären, vertreten und begründen sowie das Zusammenarbeiten und Interagieren von hohem Stellenwert. Daneben müssen Problemstellungen und Ergebnisse dokumentiert und strukturiert aufbereitet werden können. Die Arbeit mit Modellierungsaufgaben stellt hierfür eine wichtige Grundlage dar.

---

[8] Bildungsplan 2004 GS, S. 61

3.3 Einbettung der Stunde in die Unterrichtseinheit

DATUM	STUNDENINHALT
22.03.11	Einführung Längen – Messen mit nichtstandisierten Einheiten und direkter bzw. indirekter Vergleich von Längen
24.03.11	Messen mit standardisierten Maßeinheiten (mm – cm – m – km)
25.03.11	Umrechnen und Rechnen mit Größen
28.03.11	**Sachaufgabe modellieren: Das Wettrennen der Piraten**
29.03.11	Einführung Geobrett – Flächen auf dem Geobrett spannen
31.03.11	Flächen mit Einheitsquadraten ausmessen
01.04.11	Flächen berechnen (cm^2 - m^2)
04.04.11	Einführung Umfang – Messen mit nichtstandardisierten Einheiten
05.04.11	Umfänge berechnen
07.04.11	Zusammenhang von Umfang und Fläche
08.04.11	Sachaufgabe modellieren: Der Bauer und sein Feld
11.04.11	Einführung: Maßstäbe verkleinern
12.04.11	Maßstäbe vergrößern
14.04.11	Orientieren auf Plänen
15.04.11	Sachaufgabe: Wanderung planen!

3.4 Vorkenntnisse der Schüler

Das Vorstellungsvermögen von Größen, bzw. hier von Längen, ist bei den Schülern der Klasse 4c unterschiedlich ausgeprägt. Einige Kinder benötigen konkrete Anschauungsmaterialien, mit deren Hilfe sie sich Zusammenhänge erschließen können. Andere Schüler können sich diese gut vorstellen und problemlos auf neue Sachverhalte anwenden.

Diese Beobachtungen entsprechen dem Stufenmodell nach J. Piaget, laut dessen sich die Schüler im 4. Schuljahr im Übergang zur konkret-operationalen Entwicklungsphase befinden, die ungefähr vom 7. bis zum 11. Lebensjahr dauert. Sie entwickeln ein Grundgefüge logisch-operationaler Beziehungen, die sie zum Erfassen ihrer Umwelt einsetzen und sind zunehmend in der Lage, Verbindungen zwischen verschiedenen Situationen herzustellen und Handlungen allein in ihrem Denken auszuführen. Zum genauen Verständnis sind sie jedoch noch auf konkrete Anschauung angewiesen.

Aus diesem Grund haben die Kinder bereits in der dritten Klasse fundamentale Erfahrungen mit Längen gemacht, wobei vermutlich Techniken des standardisierten und nichtstandardisierten Messens angewendet wurden.

Ebenfalls in Klasse 3 sind den Kindern die Begriffe Zentimeter, Meter und Kilometer begegnet, die sie benutzen und zumindest, was Zentimeter und Meter anbelangt, bereits in die jeweils größere oder kleinere Einheit umrechnen können. Eine genauere Auseinandersetzung bspw. mit der Umrechnung von Kilometer oder Millimeter hat allerdings noch nicht stattgefunden und wird in den ersten Stunden dieser Unterrichtseinheit behandelt.

Beim Schreiben und Rechnen mit Zahlen besitzen die Kinder sichere Kenntnisse in der schriftlichen Addition, Subtraktion, Multiplikation und Division im Zahlenraum bis 1 000 000 und können diese auf das Rechnen mit den Einheiten der Längen anwenden. Weiterhin sind die Kinder den Umgang mit offenen Arbeitsformen gewöhnt, haben jedoch manchmal noch Schwierigkeiten mit der mathematischen Modellbildung.

3.5 Didaktische Reduktion

Aus der Vielzahl an Aufgabenformen zur Themeneinheit der Längen, habe ich mich dazu entschieden eine problemhaltige Sachaufgabe zu wählen. Der Einstieg durch eine kleine Geschichte soll hierbei die Motivation und den Forschertrieb der Kinder stärken, das Sachproblem durch Modellierung zu lösen.

Da viele Schüler noch Schwierigkeiten bei offenen Aufgaben haben, wie etwa den Fermi-Aufgaben, habe ich mich dazu entschlossen, dass nur eine eindeutige Lösung für das Problem gefunden werden kann. Der Rechenweg ist jedoch offen für Kreativität und Vielfältigkeit, sei es in zeichnerischer oder rechnerischer Form.

Weiterhin wird das Arbeitsblatt die Struktur des Vorgehens vorgeben. Den Kindern ist zwar das „Frage-Rechnung-Antwort-Schema", das gewöhnlich für Sachaufgaben verwendet wird, bekannt, allerdings sollen sie auch lernen, sich von diesem schematischen Denken zu lösen und bspw. auch eine zeichnerische Lösung akzeptieren. Daher wird das Aufgabenblatt den Modellierungsprozess mit entsprechenden Impulsen unterstützen und somit für die Schüler hilfreich gliedern.

3.6 Unterrichtsziele

Abgeleitet aus den Kompetenzen im Bildungsplan 2004 ergeben sich folgende Unterrichtsziele:

Die Schülerinnen und Schüler erhalten die Gelegenheit,

- individuelle Lösungsansätze bei problemhaltigen Sachaufgaben zu finden.

- ihre Lösungswege ausführlich zu dokumentieren.

- Lösungswege anderer Schüler nachzuvollziehen.

- Ihre Kenntnisse zu den Längen zu vertiefen.

4 Methodische Analyse

4.1 Einstieg mit Problemorientierung

Die Stunde beginnt mit einer Geschichte über ein Wettrennen der Piraten. Dafür werden die Kinder im Stuhlkreis versammelt, sodass jedes Kind der Geschichte aufmerksam zuhören kann und im Anschluss daran einen guten Blick auf die ausliegende Schatzkarte hat.

Nach der Formulierung der Problemstellung durch die Kinder, wie beispielsweise „Wer hat das Rennen gewonnen?", wird den Schülern nochmals die Geschichte vorgelesen mit dem Hinweis, dass sie sich nun alle wichtigen Daten merken sollen. Im Anschluss daran, werden die relevanten Informationen gemeinsam mündlich zusammengefasst und mit Hilfe der Schatzkarte vom Lehrer veranschaulicht. Dies soll vor allem denjenigen Schülern helfen, die noch Schwierigkeiten dabei haben, aus einem langen Text wichtige Angaben herauszuarbeiten.

Gelenkstelle:

Für die Erarbeitungsphase bekommen die Schüler Arbeitsblätter, die sie in ihr vorhandenes Längen-Heft einsortieren. Mit Hilfe der vorstrukturierten Arbeitsaufträge können die Kinder mit verschiedenen Strategien wie bspw. systematisches Ausprobieren oder „Versuch und Irrtum" experimentieren und feststellen, welches Schiff am schnellsten die Schatzinsel erreicht.

4.2 Erarbeitung

Die Erarbeitung findet in Einzelarbeit am Sitzplatz statt. Dies soll gewährleisten, dass jedes Kind tatsächlich am vorgegebenen Problem arbeitet und sich nicht, wie es in Partner- oder Gruppenarbeit möglich wäre, zurückzieht und ein leistungsstärkeres Kind arbeiten lässt. Es wird nicht ausbleiben, dass jeder Schüler einmal bei dem Tischnachbarn schaut, wie dieser vorgeht. Dies soll auch gar nicht ausgeschlossen werden.

Durch das problemlösende Vorgehen, bei dem die Schüler Strategien entwickeln und überprüfen, werden vermutlich verschiedene Rechenwege genutzt. Dies könnte beispielsweise eine zeichnerische Lösung mit Hilfe des Rechenstrichs oder auch eine rein rechnerische Lösung sein.

Die Einzelarbeitsphase, in der die Schüler bedingt durch die Aufgabenstellung eine natürliche innere Differenzierung erfahren, da sie ihren Lösungsweg entsprechend ihren Möglichkeiten gestalten können und jedes Kind in seinem eigenen Tempo arbeiten kann, wird durch ein akustisches Signal des Lehrers unterbrochen und in eine Partnerarbeit geleitet. Hierbei sollen sich die Schüler über ihre Rechen- bzw. Lösungswege austauschen und dadurch Anregungen für das eigene Arbeiten erhalten. Weiterhin können sie über ihre Herangehensweisen nachdenken, diese bewerten und auf Plausibilität überprüfen.

Durch die offene Art der Aufgabenstellung entwickeln die Kinder in dieser Phase neben den inhaltsbezogenen Kompetenzen auch prozessbezogene Kompetenzen, wie Argumentieren, Kommunizieren, Modellieren und Darstellen.

Beim Argumentieren sollen sie ihren eigenen Lösungsweg dem Partner erklären, vertreten und eventuell begründen. Das Kommunizieren über die Aufgabenstellung und deren Lösung setzt ein Verständnis für die Aufgabe und deren Bearbeitung voraus und dient der tiefergehenden Einsicht.

Beim Modellieren soll zunächst die reale Situation (hier: Das Wettrennen) in ein reales Modell übertragen werden. Dies geschieht, indem man die wichtigen Daten herausfiltert. Das reale Modell soll dann mit Hilfe des Mathematisierens in ein mathematisches Modell, z.B. eine Skizze oder ein Rechenstrich, gebracht werden. Nach der Verarbeitung der Daten wird ein mathematisches Ergebnis erzielt, das durch eine Überprüfung an der realen Situation für realistisch oder unrealistisch eingeschätzt werden soll. Erst dann ist der Modellierungsprozess, der sich natürlich nicht immer wie ein zirkuläres Durchlaufen der Phasen vollzieht, abgeschlossen. Charakteristisch sind immer wieder Rückkopplungsphasen, in denen die gefundenen Ergebnisse wieder auf die Sachebene übertragen, neu interpretiert und dann durch Modellbildung wieder auf die mathematische Ebene transferiert werden. Dieser Prozess soll durch folgende Abbildung dargestellt werden:

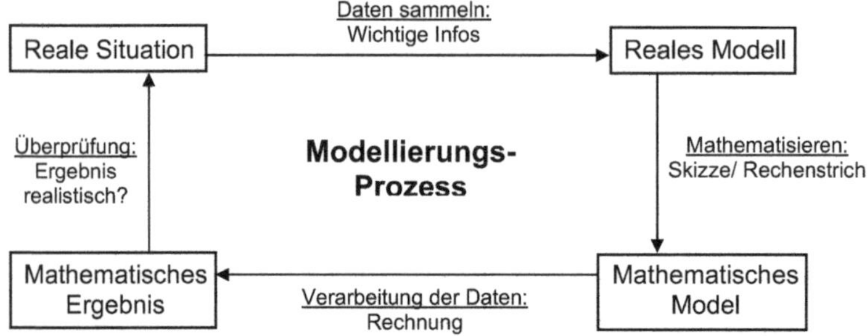

Nachdem die Kinder sich über ihre Lösungswege ausgetauscht haben, erhalten sie die Möglichkeit, eine weitere Aufgabe zu bearbeiten. Dies dient der äußeren Differenzierung für sehr schnelle Kinder. Langsamere Kinder sollten wenigstens eine Skizze ihrer möglichen Lösung angefertigt haben, um diese mit dem Sitznachbarn zu besprechen. Es ist zu erwarten und völlig normal, dass nicht alle Kinder gleich schnell bei der Bearbeitung des Problems sind. Folgestunden bieten hierfür die Gelegenheit, nicht bearbeitete Teile von Aufgaben nachzuholen.

<u>Gelenkstelle:</u>

Ein weiteres akustisches Signal leitet die abschließende Phase im Sitzkreis ein. Einige Schüler sollen ihren Lösungsplan mitbringen und diesen im Plenum den anderen Kindern vorstellen.

4.3 Präsentation und Auswertung der Ergebnisse

Hierbei dürfen einige Kinder besonders originelle oder interessante Lösungsversuche vorstellen. Besonderen Wert soll dabei auf die kreativen Möglichkeiten, der Problemstellung entgegenzutreten, gelegt werden, denn „im Mittelpunkt steht [...] der Prozess der Lösung von Problemaufgaben"[9], der dokumentiert und vorgestellt wird.

Mit der Präsentation der unterschiedlichen Lösungswege wird auch das Ergebnis der Aufgabe bekannt gegeben. Da alle Kinder mitgeholfen haben, herauszufinden, welche Piratenmannschaft das Wettrennen gewinnt, dürfen alle den Schatz des Siegers gemeinsam bergen.

---

[9] Handbuch für den Mathematikunterricht an Grundschulen S. 239

5 Verlaufsplanung

Klasse: 4c	Thema: Das Wettrennen der Piraten - Selbständiges Entwickeln von Lösungsstrategien zu einer problemhaltigen Sachaufgabe		Fach Mathematik	

Ziele und Kompetenzen:
  ▪ individuelle Lösungsansätze bei problemhaltigen Sachaufgaben finden.
  ▪ Lösungswege ausführlich dokumentieren.
  ▪ Lösungswege anderer Schüler nachvollziehen.
  ▪ Kenntnisse zu Längen vertiefen.
			Mentorin: XXX
			Lehrer: XXX	

Zeit:	**Inhaltliche Gliederung:**	**Didaktischer / Methodischer Hinweis:**	**Sozialform:**	**Material/ Medien:**
7.30 Uhr	**Begrüßung** - der Kinder + Besuch			
7.32 Uhr	**Einstieg** - Alte Geschichte vorlesen - Frage finden - Geschichte nochmals lesen - Daten und Informationen sammeln	→ Karte auslegen vor der 2. Lesung → Informationen auf der Karte sichtbar auslegen	Sitzkreis	Geschichte, Karte, Schiffe, Informationen
7.42 Uhr	*Gelenkstelle:* - „Eure Aufgabe ist es nun die Frage in EA zu beantworten" - Aufgabenblätter austeilen	→ Wichtig: Lösungsweg sauber aufschreiben, sodass ihr ihn den Anderen erklären könnt		AB
7.44 Uhr	**Erarbeitung** - In EA Arbeitsauftrag erfüllen - In PA den Lösungsweg vorstellen	→ Klangschale: Jetzt sollt ihr eurem Partner eure Lösungswege erklären! (Wie seid ihr vorgegangen? Was habt ihr gezeichnet/gerechnet?)	EA PA	Längen-Heft, AB

Zeit:	Inhaltliche Gliederung:	Didaktischer / Methodischer Hinweis:	Sozialform:	Material/ Medien:
8.04 Uhr	*Gelenkstelle:* - Arbeitsphase beenden - im Sitzkreis versammeln			
8.05 Uhr	**Präsentation und Auswertung der Ergebnisse** - Lösungspläne werden ausgelegt - Schüler präsentieren ihren Lösungsweg - Schatz bergen	„Ihr könnt jetzt erst mal alle Lösungspläne kurz anschauen." „Da ihr alle mitgeholfen habt, die Geschichte zu lösen, bekommt jeder von euch 2 Goldmünzen vom Schatz"	Sitzkreis	Karte, Lösungspläne Schatztruhe
8.15 Uhr	**Stundenende**			

6 Literatur

Ministerium für Kultus, Jugend und Sport Baden Württemberg (Hrsg.): Bildungsplan 2004 Grundschule

Schipper, W.: Handbuch für den Mathematikunterricht an Grundschulen. Braunschweig: Schroedel 2009

Maaß, K.: Mathematikunterricht weiterentwickeln. Berlin: Cornelsen Verlag 2009

Hinrichs, G.: Modellierung im Mathematikunterricht. Mathematik Primar- und Sekundarstufe. Heidelberg: Spektrum Verlag 2008

Ruwisch, S.; Peter-Koop, A. (Hrsg.): Gute Aufgaben im Mathematikunterricht der Grundschule. Offenburg: Mildenberger Verlag 2003

Ruwisch, S.; Franke, M.: Didaktik des Sachrechnens in der Grundschule. Mathematik Primar- und Sekundarstufe I + II. Heidelberg: Spektrum Verlag 2010

Titelbild: http://www.birda.de/images/schiff.jpg

7   Anhang

Das Wettrennen der Piraten

Es waren einmal...

Vor langer Zeit zwei verfeindete Piratenbanden – die blauen Papageien und die roten Holzbeinsäbel. Beide wollten so viele Schätze wie möglich finden und lieferten sich ein erbittertes Wettrennen um das Gold.
Die Pirateninseln waren 160 km entfernt voneinander gelegen.
Genau in der Mitte der beiden Pirateninseln gab es eine kleine versteckte Schatzinsel. Diese wollten natürlich beide Piratenbanden erobern um das Gold zu bekommen.

Doch leider hatten die blauen Papageien Pech, denn vor ihnen lagen scharfe Klippen, die sie umsegeln mussten. Deswegen war ihre Strecke auch 210 km lang. Zum Glück hatten sie dafür Rückenwind und konnten dreimal so schnell segeln wie die roten Holzbeinsäbel.

Am ersten Tag starteten beide Banden um die Mittagszeit und machten sich auf die lange und hoffentlich erfolgreiche Jagd nach dem Schatz...

Sie segelten Tag und Nacht....

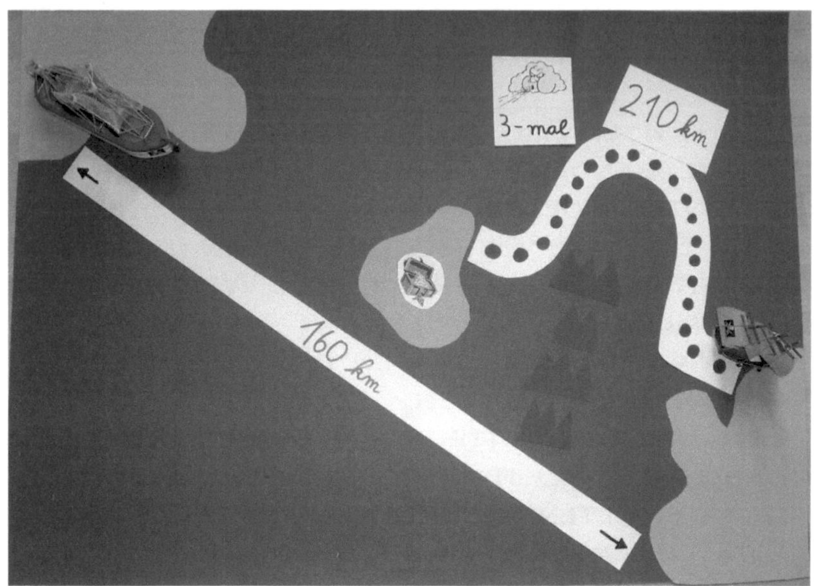

3 - mal
210 km
160 km

Das Wettrennen der Piraten

Es waren einmal vor langer Zeit zwei verfeindete
Piratenbanden – die blauen Papageien und die roten
Holzbeinsäbel. Beide wollten so viele Schätze wie möglich
finden und lieferten sich ein erbittertes Wettrennen um
das Gold.
Die Pirateninseln waren 160 km entfernt voneinander
gelegen.
Genau in der Mitte der beiden Pirateninseln gab es eine
kleine versteckte Schatzinsel.
Diese wollten natürlich beide Piratenbanden erobern, um
das Gold zu bekommen.

Doch leider hatten die blauen Papageien Pech, denn vor
ihnen lagen scharfe Klippen, die sie umsegeln mussten.
Deswegen war ihre Strecke auch 210 km lang. Zum Glück
hatten sie dafür Rückenwind und konnten dreimal so schnell
segeln wie die roten Holzbeinsäbel.

Am ersten Tag starteten beide Banden um die Mittagszeit
und machten sich auf die lange und hoffentlich
erfolgreiche Jagd nach dem Schatz...

1. <u>Aufgabe verstehen:</u>

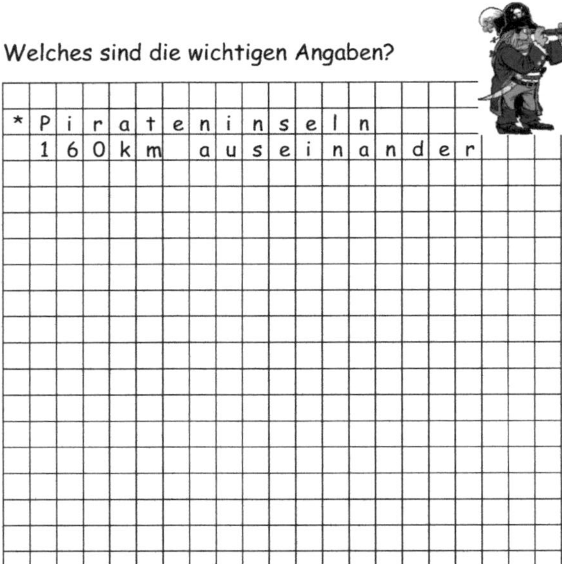

Wie lautet die Frage?

____

____

Welches sind die wichtigen Angaben?

| * | P | i | r | a | t | e | n | i | n | s | e | l | n | | | | | | |
| 1 | 6 | 0 | k | m | | a | u | s | e | i | n | a | n | d | e | r | | | |

1. Skizze anfertigen

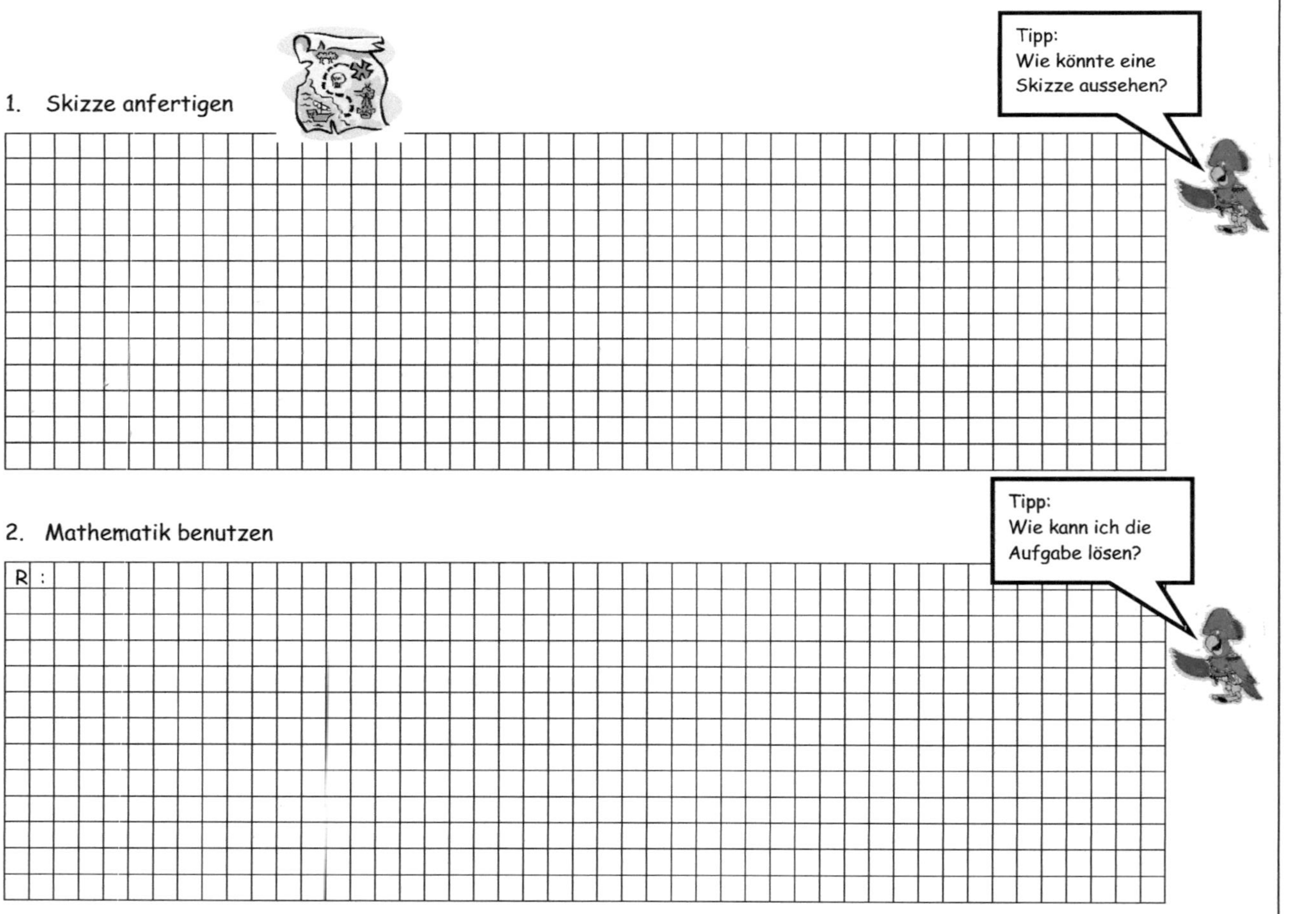

2. Mathematik benutzen

R :

3. Ergebnis

A: _______________________________

____

____

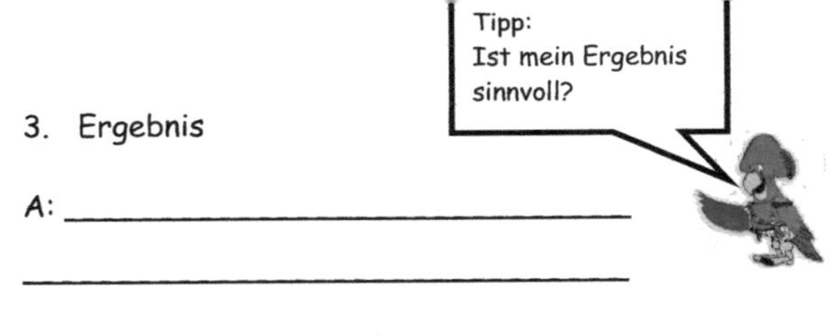

Zusatz/Freiarbeit:

Um wie viel Uhr erreichen die blauen und

roten Piraten die Schatzinsel?

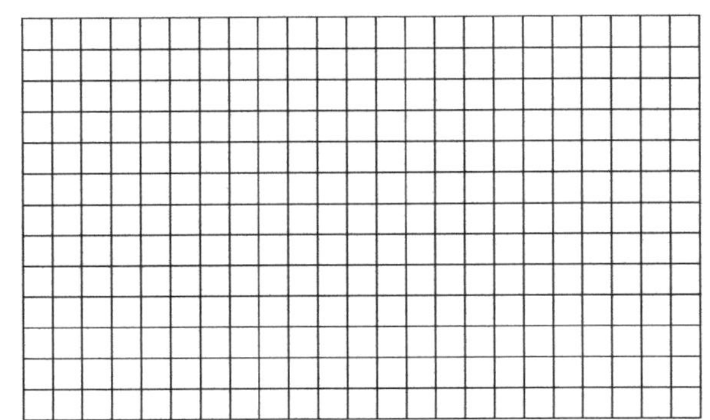